Michael Geßner

Drachen

5 Modelle
mit ausführlicher
Bauanleitung

Frech-Verlag Stuttgart

ISBN 3-7724-1037-5 · Best.-Nr. 1037 ·

2. 3. 4. 5. Auflage
Erste Zahl maßgebend

Jahr: 1991 90 89 88 87
Letzte Zahl maßgebend

frech-verlag
GmbH + Co. Druck KG Stuttgart

Zeichnungen: Sabine Riek, Eberhard Pfister · Druck: Frech, Stuttgart

Drachen

Kinder, die im Herbst über Stoppelfelder laufen, sich vom Wind durchpusten lassen.

Die Spannung vor dem ersten Start: Ist die Waage richtig eingestellt, der Wind stark genug?

Vielleicht Tränen, wenn der Drachen davonfliegt oder mal abstürzt und eine Strebe bricht?

Welches Kind läßt sich nicht begeistern vom Spiel mit Wind und Drachen, das auch so manchen Erwachsenen packt.

Die Spannung ist geblieben, nur daß aus dem Kinderspiel zusätzlich ein Sport geworden ist, der immer mehr Menschen begeistert.

Neue Materialien ermöglichen neue Formen und Größen. Dem Erfindungsgeist sind wenig Grenzen gesetzt.

Zudem hat sich die Drachenzeit über den Herbst hinaus ausgedehnt auf das ganze Jahr. Nicht nur im Herbst weht der Wind, und es gibt heute im Binnenland Erholungsgebiete, dessen Wiesenflächen ganzjährig betreten werden können. Wir sind nicht mehr auf die erst im Herbst abgeernteten Felder angewiesen. Wer das Glück hat, in der Nähe eines Meeresstrandes zu wohnen, findet von vornherein ideale Bedingungen vor.

Es finden auch immer wieder Drachenfeste statt, die zum Beispiel von Drachenläden organisiert werden. Zu diesen Festen kommt groß und klein, und der Himmel ist voller bunter Drachen.

In diesem Buch werden fünf verschiedene Drachen mit genauer Bauanleitung vorgestellt. Im Prinzip können alle z. B. aus Tyvek, das sich kleben läßt und somit nicht genäht werden muß, gebastelt werden. Der Delta und der Kastendrachen werden jedoch in der genähten Version beschrieben.

Die Materialien zum Bau der Drachen sind je nach Modell in Bastelläden und Schreibwarengeschäften erhältlich oder können in speziellen Drachenläden gekauft werden, die es inzwischen in einigen Städten gibt.

Bevor es richtig losgeht, noch ein paar allgemeine Informationen über Drachen:

Gelände/Start

Das ideale Gelände zum Drachensteigen bietet sich zum Beispiel an der Nordseeküste an. Zum einen gibt es dort viel Platz (Strand), zum anderen weht dort meist eine frische Brise. Der Wind kann ungehindert über das flache Land bzw. das Meer streifen und bläst deshalb sehr gleichmäßig. Dies ist besonders für Lenkdrachen von Vorteil. Für den Delta ist der Wind jedoch schon oft zu stark.
Im Binnenland ist eine leicht ansteigende große Wiese am günstigsten, wobei der Wind den Hang hinaufblasen muß.
Man stellt sich mit dem Rücken gegen den Wind, hält den Drachen hoch und läßt ihn los, wenn der Wind ihn erfaßt. Ist der Wind kräftig genug, braucht man nur Leine zu geben in dem Maße, wie der Drachen zieht. Reicht der Wind beim Start gerade aus, daß er den Drachen in der Luft hält, gibt man ihm so lange Leine, bis er knapp auf den Boden sinkt und zieht ihn dann mit „pumpenden“ Bewegungen, ohne Leine zu geben, hoch. Hierauf gibt man wieder Leine usw.
Ungünstig sind windabgewandte Hangseiten oder Waldränder. Es entstehen hier immer mehr oder weniger starke Verwirbelungen, die den Drachen zu Boden drücken. Will man seinen Drachen in solchen Fällen dennoch steigen lassen, kann ein Hochstart versucht werden. Dazu wird viel Leine abgewickelt, ein Helfer hält den Drachen und nun kann versucht werden, mit einem kurzen Sprint den Drachen hoch und aus den Turbulenzen heraus in ruhigeren Wind zu ziehen.
Hat man ein wenig Übung, und ist der Wind günstig, kann man den Drachen beim Starten knapp über das Gelände huschen lassen, indem man ihm so Leine gibt, daß er sich gerade über dem Boden hält und erst aufsteigt, wenn die Leine zu Ende ist.

Vorschriften

Die Drachenschnur darf höchstens 100 m lang sein.

Die Entfernung zum nächsten Flughafen (ab Flughafenzaun) muß mindestens 3 km betragen.

Sicherheit

Drachen nie in der Nähe von Hochspannungsleitungen, Bahnanlagen oder Straßen steigen lassen. Möglichst weitläufiges freies Gelände wählen.

Vorsicht im Umgang mit Drachenleinen. Beim Steigenlassen sollte man Handschuhe (z. B. Arbeitshandschuhe aus Leder) tragen. Zu schnell schneidet oder verbrennt man sich an der Leine, auch bei wenig Wind und kleinen Drachen.

Schnüre können auch gefährlich sein für Zuschauer, die am Boden liegende oder zum Hochstart gespannte Schnüre übersehen. Eine Schnur kann schneiden wie ein Messer.

Bei Gewitter den Drachen lieber zu früh als zu spät vom Himmel holen, auch wenn die Drachenleinen heute meist aus nichtleitenden Polyester- oder Polyamidfasern bestehen.

Begriffserklärungen

Segel:
Bespannung des Drachens aus Transparentpapier, Spinnakernylon etc.

Gerüst:
Gestänge aus Holz, Bambus etc., mit

dessen Hilfe das Segel aufgespannt wird.

Waage:
Meist Schnüre, mit denen die Fluglage des Drachens eingestellt wird. In die Waagschnur wird eine Schlaufe geknotet oder ein Ring geknüpft. Hier wird die Flugleine eingehängt.
Manche Drachen benötigen keine Waage (Kastendrachen) oder besitzen stattdessen eine Kielflosse (Delta).

Flugleine:
Auch Drachenschnur oder Leine.

Waagpunkte:
Befestigungsstellen der Waage am Drachen.

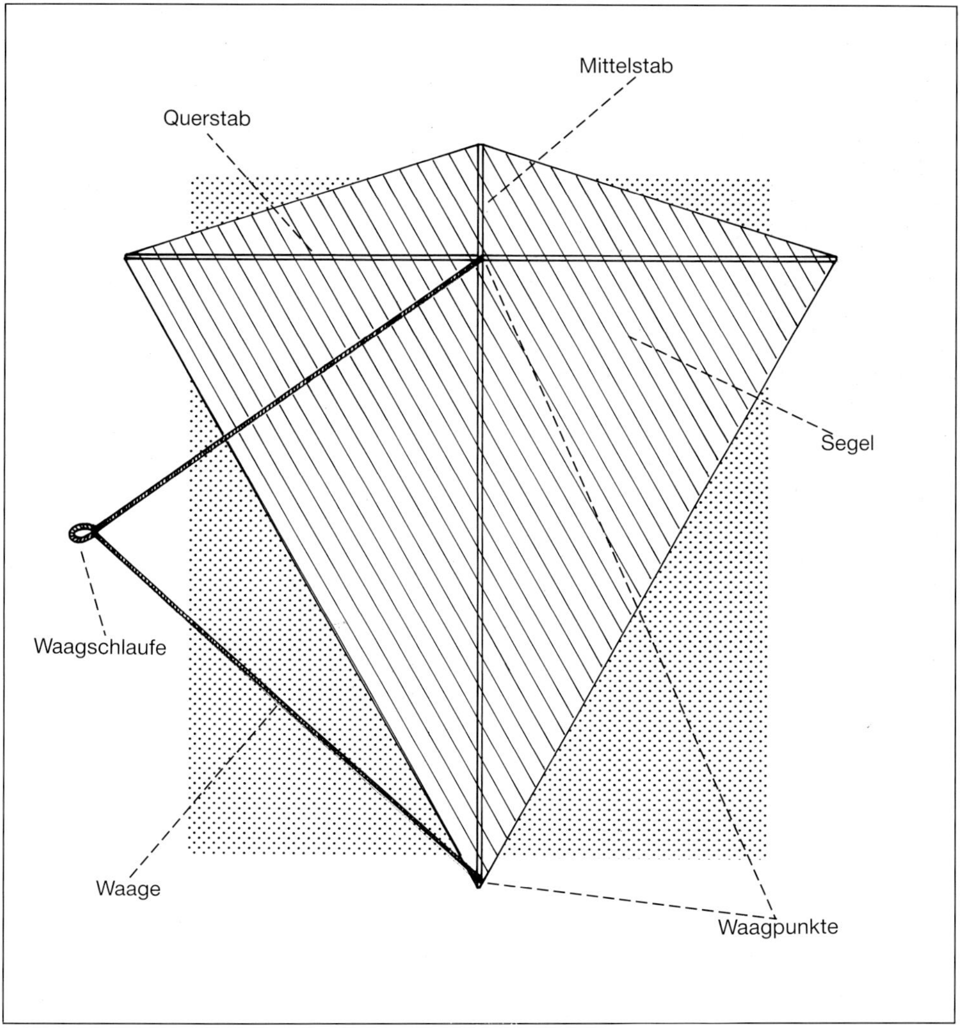

Materialien

Es gibt eine Fülle von Materialien für den Drachenbau, aus der hier eine Auswahl der wichtigsten Dinge vorgestellt wird.

Stoffe für Segel bzw. Bespannung
Pergamyn- oder Transparentpapier
gibt es in vielen Farben, ist billig und leicht verarbeitbar, zerreißt aber auch schnell.

Spinnakernylon
ist ein reißfester, gut zu nähender Stoff, den es in vielen leuchtenden Farben gibt.

Tyvek
ist ein relativ neues Produkt aus Polyäthylen, das wesentlich billiger ist als Spinnakernylon. Es kann geklebt oder genäht werden und franst nicht aus. Es ist wasserfest.
Leider gibt es dieses Material bislang nur in Weiß. Dafür läßt es sich aber sehr gut bemalen, z. B. mit Filzstiften, Plakat- oder Acrylfarbe (letztere gibt es auch wasserverdünnbar).

Dacronband
besteht aus stabilem Polyestergewebe, das sich hervorragend zum Verstärken der Enden der Segeltuchtaschen eignet.

Gestänge

Ramin-Rundhölzer
sind relativ biegsam und in vielen Stärken erhältlich.

Glasfaserstäbe
sind sehr biegsam, haben jedoch ein wesentlich höheres Gewicht als Holz.
Vorsicht bei der Verarbeitung: Die feinen Glasfasern, die sich manchmal von den Stäben lösen, dringen leicht in die Haut ein. Der Staub, der beim Sägen entsteht, sollte nicht eingeatmet werden.

Darüberhinaus finden im Drachenbau die altbewährten **Bambusstangen** oder **Aluminiumrohre** Verwendung. Auch gibt es z. B. **Kohlefaser** oder **Epoxidstäbe,** die extrem leicht und stabil sind.

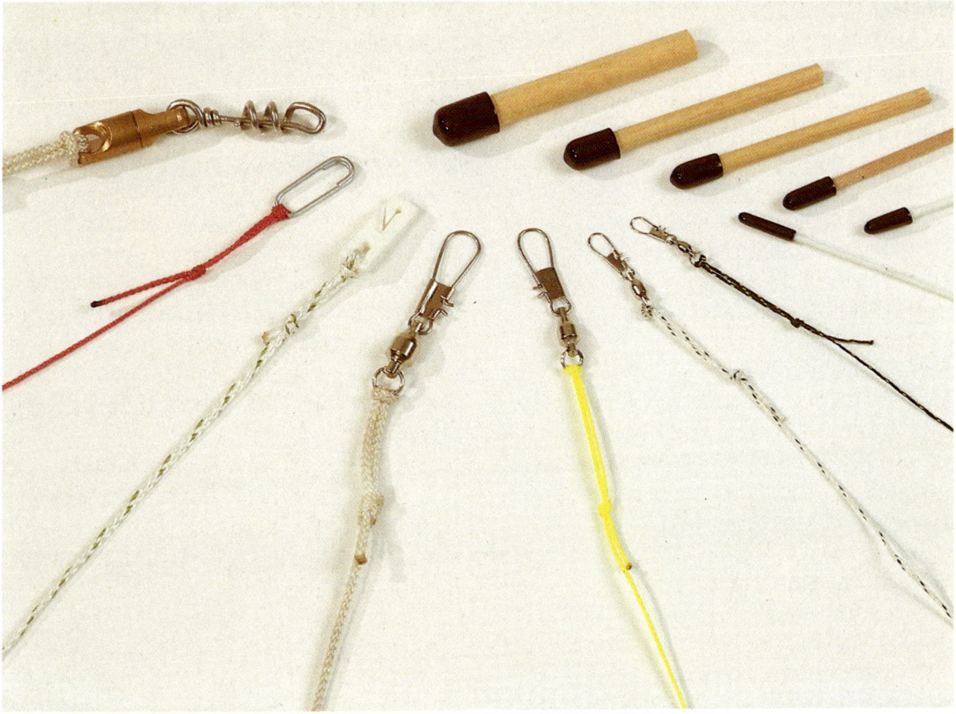

Flugleinen

Die alten Hanfschnüre haben ausgedient. Heute werden geschlagene oder geflochtene Schnüre verwendet. Diese Schnüre gibt es in vielen verschiedenen Stärken und auch farbig. Je größer der Drachen und je stärker der Wind, desto stabiler muß die Schnur sein.

Manchmal sind auch Schnüre aus modernsten Materialien wie Kevlar oder Aramid erhältlich. Obgleich sehr dünn, sind diese Leinen extrem reißfest und dehnen sich dabei sehr wenig, was besonders bei längeren Lenkdrachengespannen von Vorteil ist.

Bitte keine Dekoschnüre aus klarem Perlon benutzen. Sie sind sehr verletzungsträchtig, da sie dünn und schlecht sichtbar sind.

Einige Tips zum Umgang mit Leinen

Die Enden der Schnüre können mit einer Flamme verschweißt werden, so daß sie nicht ausfransen (Kevlar und Aramid brennen und schmelzen nicht).

Nicht auf die Leinen treten. Die Fasern können leicht verletzt werden, dann heißt es unter Umständen „Drachen ade".

Läßt der Wind einmal so plötzlich nach, daß die Leine mit beiden Händen eingeholt werden muß, ist das kein Beinbruch. Vor dem Aufwickeln auf die Spule muß die Schnur allerdings umgelegt, also vom Schnurende her Stück um Stück zu einem neuen Haufen gelegt werden. Zieht man die Schnur nämlich von unten aus dem Haufen, gibt es unweigerlich Schnursalat.

Wirbel
Zum Einhängern der Flugleine in die Waage werden Wirbel verwendet, die am Ende der Drachenleine eingeknüpft werden. Diese Wirbel sind mit einem Drehgelenk versehen, das das Verdrehen der Schnur ausgleicht.
An der Drachenleine kann jedoch auch ein kurzes Holzstückchen befestigt werden, das durch die Waagschlaufe oder den Waagring gesteckt wird.

PVC-Schläuche
PVC-Schläuche sind Schläuche aus glasklarem Plastikmaterial, in das bei dikkeren Schläuchen ein Gewebe eingebettet ist. Sie werden am häufigsten für Gerüstverbindungen benützt.

Plastikkappen
Sie werden auf die Enden der Stäbe gesteckt, die in Taschen des Segels stekken. Die Gefahr des Durchstoßens wird dadurch vermindert. Zusätzlich können die Taschen auch von außen durch aufgeklebtes Gewebeklebeband oder durch eingenähtes Dacronband verstärkt werden.

Werkzeug

Die wichtigsten Utensilien sind eine kleine Bügelsäge, Meterstab, Schere und Filz- oder Bleistift. Darüber hinaus sind eine Metallschiene und ein Bastel- oder Teppichmesser zum Schneiden des Segels (statt Schere) sehr empfehlenswert. Eine Lochzange bietet beim Lochen der PVC-Schläuche gute Dienste und für Näharbeiten wird eine Nähmaschine benötigt. Tyvek und Spinnakerstoff können auch mit einem heißen Lötkolben „geschnitten“ werden.

Taschenverstärkungen
Bei großer Belastung (Absturz) kann es passieren, daß die Gerüststäbe den Stoff durchstoßen (Delta, Kastendrachen). Vorbeugend können die entsprechenden Taschenenden wie folgt verstärkt werden:

Noch vor dem Nähen der Taschen wird am Ende auf der Innenseite der späteren Tasche ein Stück Dacronband aufgenäht. Es reicht, das Band einmal quer aufzunähen (siehe Bild). Beim Nähen der Tasche wird das Band dann einfach mitgenäht.

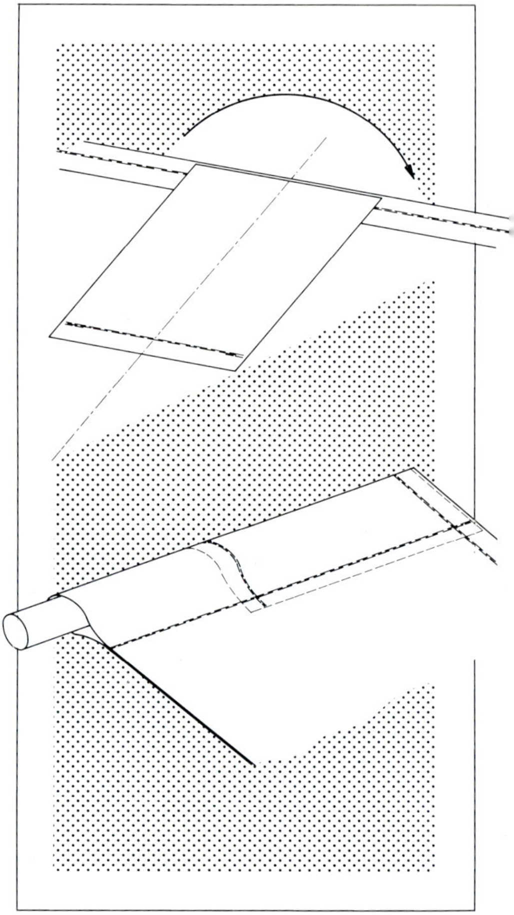

Der Eddy, benannt nach seinem Erfinder William A. Eddy, wird hier in nahezu klassischer Bauweise beschrieben. Das hervorstechende Merkmal an ihm ist die nach hinten gebogene Querstrebe. Als Baumaterial werden Transparentpapier (Pergamyn) und Holzstäbe verwendet. Er ist nicht zerlegbar und nimmt deshalb beim Transport relativ viel Platz ein. Der Eddy ist leicht und schnell zu bauen, und die benötigten Materialien sind in jedem Bastelladen bzw. Schreibwarengeschäft erhältlich. Das Segel läßt sich gut aus verschiedenen Farben zusammensetzen.

Der Eddy hat durch den gebogenen Querstab einen sogenannten Flächenwinkel und dadurch hervorragende Flugeigenschaften. Er benötigt leichten bis mittleren Wind.
Ein Schwanz wird nicht gebraucht, kann aber zur Dekoration angebracht werden.

Material:

2 Bogen à 70 × 100 cm Transparent- oder Pergamynpapier, ggf. aus verschiedenen Farben zusammengesetzt.
2 Rundstäbe aus Holz (Buche oder Ramin), 1 m lang, 6 mm Ø.
Ca. 7 m Schnur zum Umspannen des Gerüstes etc.
Ca. 3 cm 1-2 mm dicker Kupfer- oder stabiler, biegsamer Draht (die Verwendung eines Wirbels ist auch möglich).
Ca. 6 cm PVC-Schlauch, 6 mm Innen-Ø (ersatzweise Schnur)

EDDY

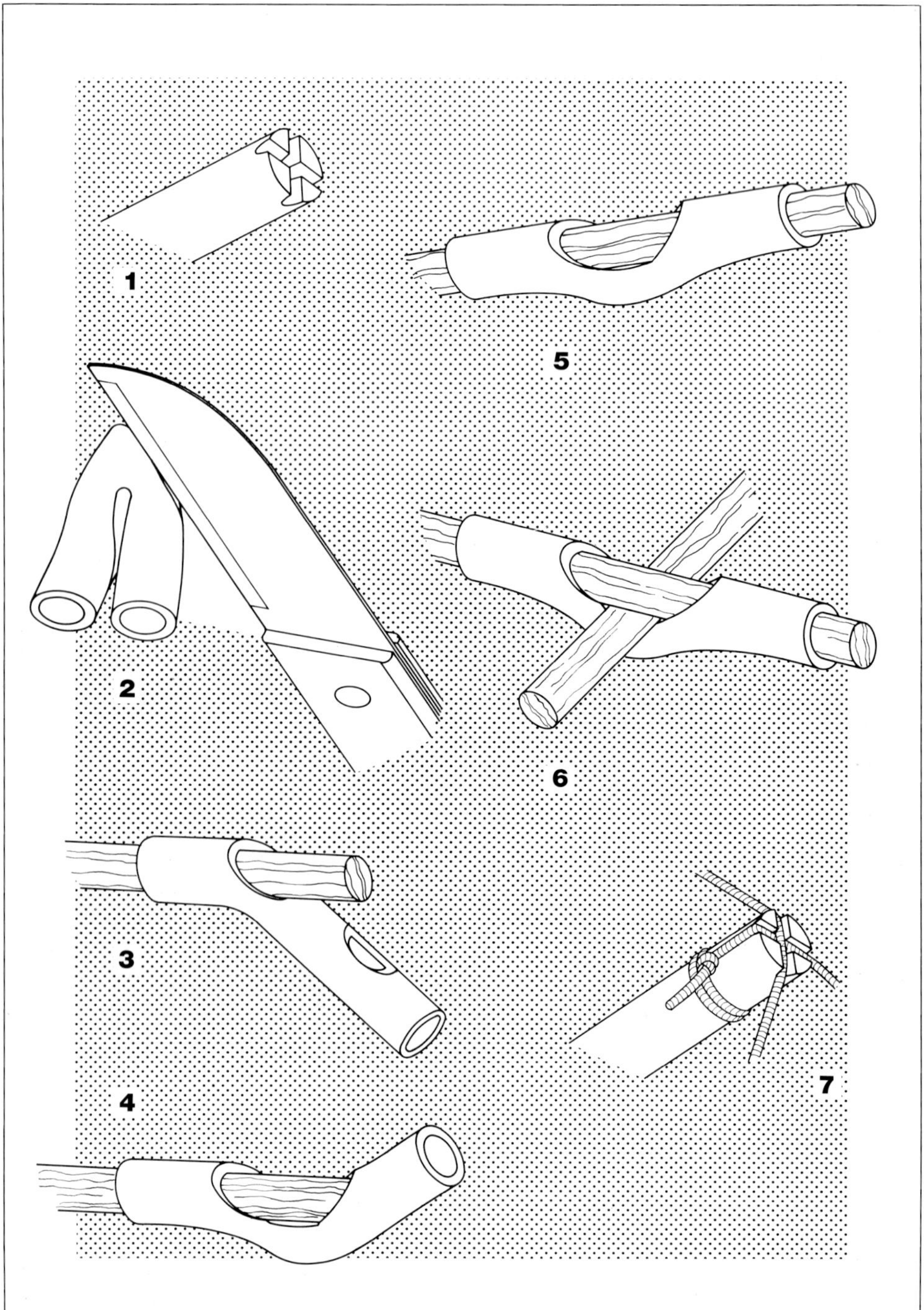
1
2
3
4
5
6
7

Bauanleitung

Die Rundstäbe werden mit Hilfe eines scharfen Messers oder einer feinen Säge an den Enden mit einer Kreuzkerbung (Bild 1) versehen. Ausgenommen ist ein Ende, und zwar die Spitze des Drachens, wo eine einfache Kerbe ausreicht. Von diesem Ende aus werden 14 cm abgemessen und der Stab entsprechend markiert. Der Stab mit den beiden Kreuzkerbungen wird zum Querstab und erhält eine Markierung in seiner Mitte.

Entsprechend Bild 2 wird der PVC-Schlauch zu einem Drittel umgeknickt und eine Kante am Knick mit einem Messer schräg abgeschnitten. Das gleiche wird vom anderen Ende her gemacht, so daß im Schlauch zwei Löcher im Abstand von ca. 2 cm entstehen.

Jetzt wird der Querstab ein Stück in den Schlauch und durch das erste Loch gesteckt (Bild 3-5). Dazu den Schlauch in Höhe des Loches umbiegen. Durch das zweite Loch wird der Stab wieder in den Schlauch gesteckt und dieser bis zur Markierung in der Mitte des Stabes geschoben. Nun kann der zweite Stab zwischen Querstab und Schlauch gezwängt und bis zur 14-cm-Markierung geschoben (Bild 6). Diese Prozedur hört sich schwieriger an, als sie ist, und wird erleichtert, wenn man den Schlauch erwärmt, wodurch er etwas weicher wird.

Statt dieser Schlauchverbindung können die Streben jedoch auch über Kreuz mit einer Schnur zusammengebunden werden.

Bevor das Kreuz umspannt wird, empfiehlt es sich, die Spannschnüre am Querstab und das untere Ende der Waage anzubringen. Mit Hilfe der Spannschnur erhält der Drachen später seine gewölbte Form. Zum Befestigen der Spannschnüre jeweils ein Ende der Schnur zweimal um das Ende des Querstabes wickeln, verknoten und durch die Kerbe führen. Schnur und Knoten mit Klebstoff fixieren (Bild 7).

Das eine Ende der Waagschnur wird unten am Mittelstab auf gleiche Weise befestigt (Länge ca. 140 cm).

Jetzt wird das Kreuz umspannt, wobei es ggf. auf eine Holzplatte mit Nadeln fixiert werden kann. Eine ca. 3,30 m lange Schnur wird ringsum in die Kerben gelegt und am unteren Ende des Kreuzes zusammengebunden. Nicht zu stark spannen, da sich sonst der Querstab durchbiegt. Die Schnüre in den Kerben mit Klebstoff fixieren.

Als nächstes wird das Kreuz auf das Papier gelegt und das Papier mit ca. 2-4 cm Zugabe entlang der Schnur rundum ausgeschnitten (Bild 8). An den Enden der Stäbe wird jeweils eine kleine Aussparung ausgeschnitten.

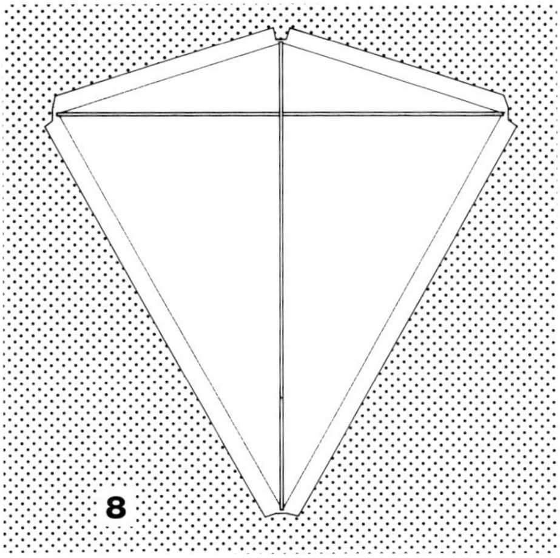

Hierauf wird die Zugabe umgeklebt und mit transparentem Klebeband links und rechts der Stabenden verstärkt.

Nun wird die Waage fertig befestigt. Das untere Ende ist schon angebracht, deshalb braucht jetzt nur noch das obere Ende angeknüpft zu werden. Dazu das Segel genau in der Mitte des Kreuzes durchstoßen, die Waagschnur durchziehen und am Kreuz festbinden (Knoten mit Klebstoff fixieren).

Einen Ring in die Waage einknüpfen (oder eine Schlaufe knoten), so daß bei gespannter Waage der obere Teil im rechten Winkel vom Drachen absteht (Bild 9).

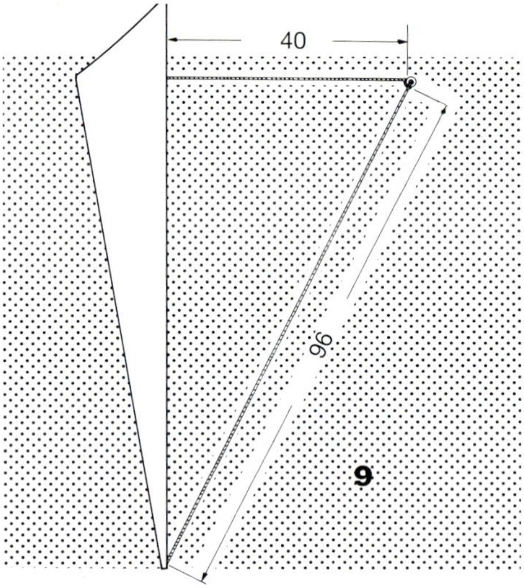

Zum Schluß wird in eine Spannschnur ungefähr in der Mitte des Kreuzes ein aus Draht gebogener Haken angebunden.
In den zweiten Teil der Spannschnur wird eine Schlaufe geknüpft, die dann in den Haken eingehängt wird. Die Spannschnur wird hierbei verkürzt, bis sich der Querstab soweit durchbiegt, daß sie ca. 12 cm von der Kreuzmitte entfernt ist.

Das Segel entspannt sich durch die Wölbung des Querstabes, was durchaus erwünscht ist und die Flugeigenschaften verbessert.

Jetzt ist der Drachen fertig. Nach Wunsch können ein leichter Schwanz angehängt und die Seiten des Drachens mit Quasten verziert werden.

Gespannflug

Sollen mehrere Eddys an einer Leine geflogen werden, gibt es im wesentlichen zwei Möglichkeiten.

1. Version:
Die Drachen werden mit Schnüren verbunden, indem auf der Rückseite des ersten Drachens in der Mitte des Kreuzes (oberer Waagpunkt) eine beliebig lange Schnur angebunden wird. Das andere Ende der Schnur wird wiederum in die Waagschlaufe des zweiten Drachens eingehängt usw.

Die Drachen fliegen bei dieser Methode, besonders bei unregelmäßigem Wind, relativ unruhig.

2. Version:
Die Drachen werden mit je zwei gleich langen Schnüren von Waagpunkt zu Waagpunkt parallel verbunden. Hier braucht nur der erste Drachen eine eigene Waage.

Die Thai-Schlange oder der Schlangendrachen läßt sich einfach und für relativ wenig Geld bauen. Und das bei einer Länge von ca. 21 m!
Die Schlange braucht mittleren bis kräftigen Wind. Der Kopf und der lange Schwanz, beides aus Tyvek gebaut, bieten sich ideal zum Bemalen an. Der Schwanz kann übrigens ohne weiteres um ein paar Meter verlängert oder verkürzt werden. Es ist ein herrlicher Anblick, wenn sich die Schlange am Himmel windet.

Material:

5 m Tyvek, 140 cm breit
Glasfaserstäbe, 4 mm ∅, 1 × 150 cm, 1 × 60 cm
Schnur für Waage etc., ca. 2 m

THAI-SCHLANGE

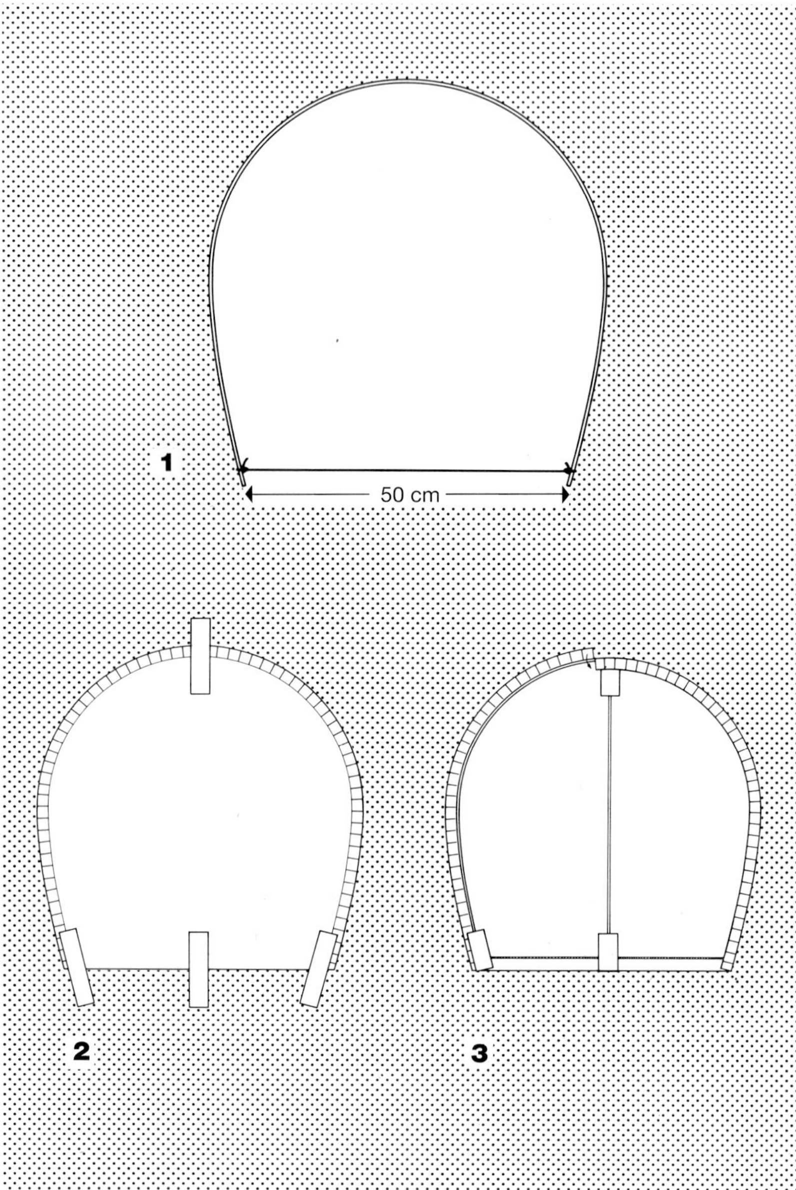
1
50 cm
2
3

Bauanleitung

Die Mitte des 150 cm langen Glasfaserstabes markieren und die Enden mit Schleifpapier abrunden. Den Stab mit einer Schnur so zusammenbinden, daß die Enden 50 cm voneinander entfernt sind. Die Knoten sollten ca. 2 cm Abstand von den Stabenden haben. Die Knoten und die Schnur am Stab mit Klebstoff fixieren (Bild 1).

Den gebogenen Stab auf Tyvek legen (siehe Zeichnung) und auf einer entsprechenden Unterlage mit Stecknadeln fixieren. Den Stoff mit ca. 3 cm Zugabe ausschneiden. Die Zugabe wiederholt im Abstand von 2 cm einschneiden.
Nun werden Verstärkungsstreifen vorbereitet, die verhindern sollen, daß die Glasfaserstäbe das Segel durchstoßen. Dazu werden aus Tyvek 16 Streifen mit den Maßen 3 × 14 cm geschnitten. Von diesen Streifen werden 2 mal je 5 Stück dekkungsgleich aufeinandergeklebt und 2 mal 3 Stück.

Auf diese Weise erhält man vier stabile Streifen, die entsprechend Bild 2 auf das Segel aufgeklebt werden. Die 5fachen Streifen werden oben und unten für den Mittelstab verwendet, die 3fachen links und rechts. Hierauf wird der gebogene Glasfaserstab und der Mittelstab aufgelegt, die Tyvekstreifen mit Klebstoff eingestrichen und umgeklebt (Bild 3). Jetzt wird die eingeschnittene Zugabe ebenfalls umgeklebt.

Schwanz

Der Schwanz setzt sich entsprechend der Zeichnung 1a aus mehreren Bahnen zusammen. Zum Ausmessen und Zuschneiden der Bahnen wird der Stoff in einem entsprechend großen Raum (z. B. Flur) glatt ausgelegt und mit Klebestreifen am Boden fixiert. Anschließend wird eine Schnur zwischen den jeweiligen Ansatzpunkten der schräg zulaufenden Bahnteile gespannt.
Entlang der Schnur können die Bahnen

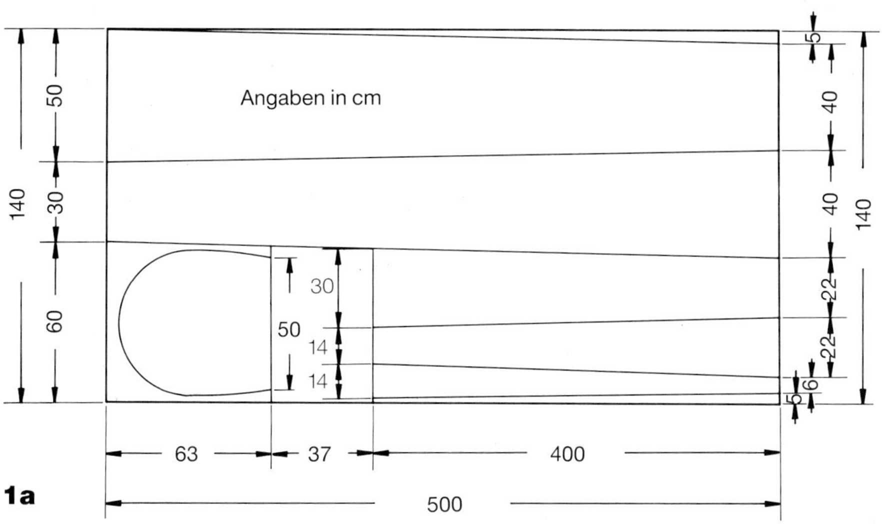

1a

eingezeichnet bzw. ausgeschnitten werden.

Beim Zusammenkleben der Bahnen kann wieder eine gespannte Schnur, an die die Bahen zum Zusammenfügen angelegt werden, zu Hilfe genommen werden. Dadurch wird verhindert, daß die Bahnen schief zusammengeklebt werden. Die Klebestellen möglichst mit einer Nähmaschine oder mit einem zusätzlichen Streifen Tyvek quer verstärken.

Jetzt wird der Schwanz an die Unterkante auf dem Rücken des Drachenkopfes festgeklebt und vorn und hinten seitlich mit Streifen aus Tyvek verstärkt.

Waage

In etwa 1 cm Abstand von den Enden des Mittelstabes werden links und rechts vom Stab mit einer stabilen Nadel Löcher durch das Tyvek gestochen. Hier werden die Enden der Waagschnur durchgefädelt und am Mittelstab festgeknotet.

Die Waage so einstellen, daß der obere Teil ca. 60 cm und der untere Teil ca. 87 cm lang ist.

Für starken Wind die Waage oben verkürzen und umgekehrt (verschiedene Einstellungen probieren).

Das Starten der Schlange kann besonders bei böigem Wind schwierig sein, weil der lange Schwanz, solange er am Boden liegt, den Drachen zu Boden ziehen möchte und dieser leicht zur Seite driftet.

Empfehlung: den Schwanz in Richtung Starter legen und mit langer Leine den Drachen hochziehen.

Der Delta ist eine moderne Drachenschöpfung von Rogallo (amerikanischer Luftfahrtingenieur). Nach dem Prinzip des Delta funktionieren auch die Drachen bzw. Hängegleiter der Drachenflieger. Die zwei nach vorne spitz zulaufenden, gewölbten Flächen bewirken hervorragende Flug- und Segeleigenschaften, die durch die flexiblen Seitenstäbe noch verbessert werden. Der Delta eignet sich für sehr leichten bis mittleren Wind. Es kann geschehen, daß der Delta bei entsprechendem Wetter auf einer Warmluftblase senkrecht aufsteigt und über einem kreist, bis die Warmluftblase sich zu weit vom Boden gelöst hat. Bei zu starkem Wind kann der Querstab brechen oder der Drachen seitlich abstürzen.
Der hier beschriebene Delta wird aus Spinnakernylon genäht und kann mit wenigen Handgriffen zu einem schmalen Bündel gerollt werden. Es ist jedoch auch möglich, den Delta aus Tyvek zu basteln und die Stäbe einzukleben. Die Mittelflosse sollte dabei zusätzlich von Hand eingenäht oder zumindest mit zusätzlichen Verstärkungsstreifen entlang der Verbindung zwischen Flosse und Segel versehen werden.
Der Delta hat keine Waage aus Schnüren, sondern eine Kielflosse, an der die Drachenleine befestigt wird.

DELTA

Material:

Spinnakernylon oder Tyvek, 220 × 100 cm
Raminstäbe, 6 mm ∅, 2 × 123 cm, 1 × 97 cm, 1 × 87 cm
Ca. 40 cm dünne Schnur
PE-Schlauch, 6 mm Innen-∅, ca. 12 cm lang
8 cm Nahtband
6 Plastikkappen, 6 mm ∅
6–8 cm Dacronband
Die 4 letztgenannten Materialien sind nicht unbedingt erforderlich.

Maße in cm incl. Zugabe

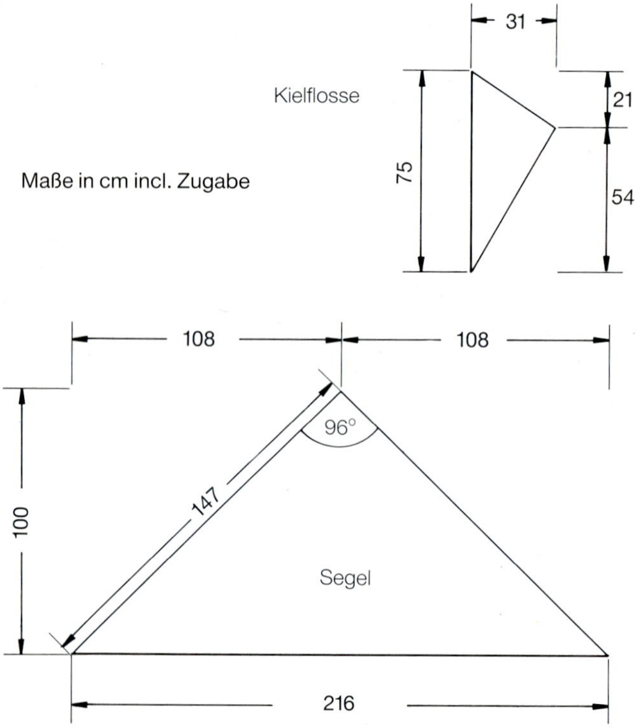

Bauanleitung (Abb. S. 26/27)

Die Segel und die Flosse werden entsprechend den angegebenen Maßen ausgeschnitten. Die Flosse wird an den beiden kürzeren Seiten gesäumt. Auf das stumpfe Eck der Flosse wird eine Schlaufe aus Nahtband (oder Spinnakernylon) aufgenäht. Hier wird später die Flugleine eingehängt.

Das Segel wird entlang der langen Seite (= Unterkante des Drachens) gesäumt. Die beiden unteren Spitzen des Drachens werden entsprechend Bild 1 umgelegt und angenäht. Nun werden die Seitenkanten des Drachens ca. 2 cm breit umgelegt (evtl. mit Klebeband fixieren) und entsprechend Bild 2 mit ca. 1,5 cm Abstand vom Rand des Segels abgenäht. Die Naht soll hierbei erst ca. 4 cm oberhalb der Drachenunterkante beginnen. Sie läuft dann hinauf bis ca. 123 cm von der unteren Spitze entfernt. Von dort an wird der Stoff bis zur oberen Spitze immer schmäler umgelegt und genäht. Bei „cm 123" wird quer abgenäht (Bild 3).

Entlang der Unterkante werden jetzt die umgelegten Spitzen zusammengenäht, so daß eine kleine Tasche entsteht (Bild 4). Der Drachen hat jetzt links und rechts zwei lange Taschen, in die später die Seitenstäbe gesteckt werden.

Die Flosse wird mit der nichtgesäumten Kante genau entlang der Mittelachse auf die Vorderseite des Segels gelegt, wobei die untere Spitze mit der Unterkante des Segels abschließt (Bild 5). Die Mittelachse entspricht der Linie von der Spitze des Segels bis zur Mitte der Unterkante. Die Flosse mit Klebeband fixieren. Beim Anbringen der Flosse ist große Genauigkeit nötig, so daß der Drachen symmetrisch wird, da er sicht sonst im Flug zur Seite neigt und Kreise zieht, die zum Absturz führen können.
Jetzt das Segel entlang der Mittelachse umklappen und in ca. 1,5 cm Abstand von der Faltkante abnähen (die Flosse liegt zwischen dem Segel). Die Spitze wird hierbei ganz zugenäht, am unteren Ende beginnt die Naht wieder erst ca. 4 cm ab der Unterkante. In die Unterkante selbst wird eine kleine Tasche genäht. In den verbleibenden Spalt wird später der Mittelstab gesteckt (Bild 6). Die beiden Taschenenden sollten evtl. mit Dacronband verstärkt werden (siehe Taschenverstärkungen, Seite 8).

In 76 cm Abstand von den unteren Spitzen wird bis knapp an die Naht heran ein Stück Stoff halbrund ausgeschnitten (Bild 7). Diese Aussparung ist nötig für die PVC-Schläuche, in die später der Querstab gesteckt wird.

Eine andere Möglichkeit ist, anstelle der Aussparung jeweils eine Tasche auf die Rückseite des Drachens aufzunähen. Hierbei dürfen natürlich die Längstaschen, die die Seitenstäbe aufnehmen, nicht zugenäht werden.

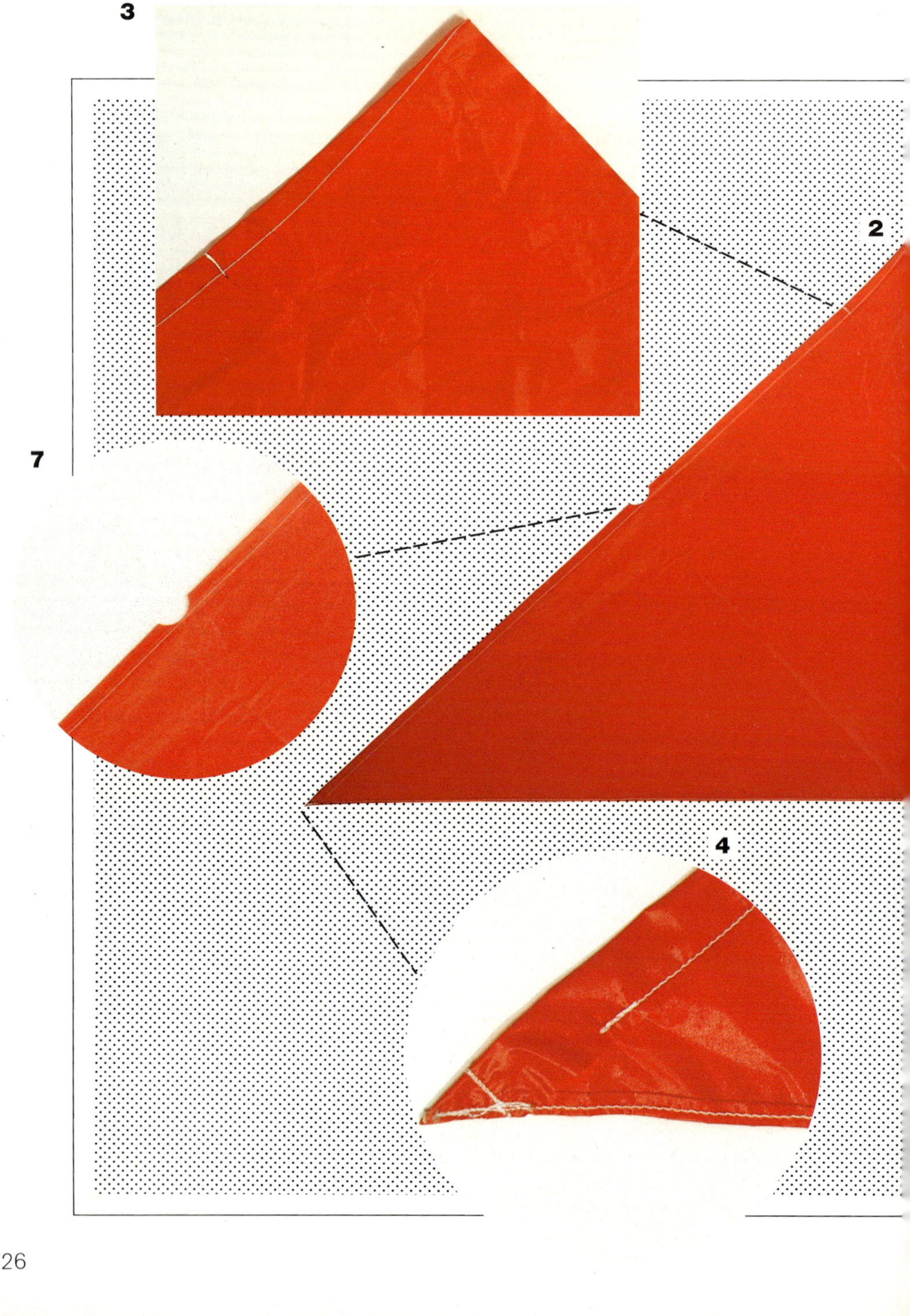
3
2
7
4

6

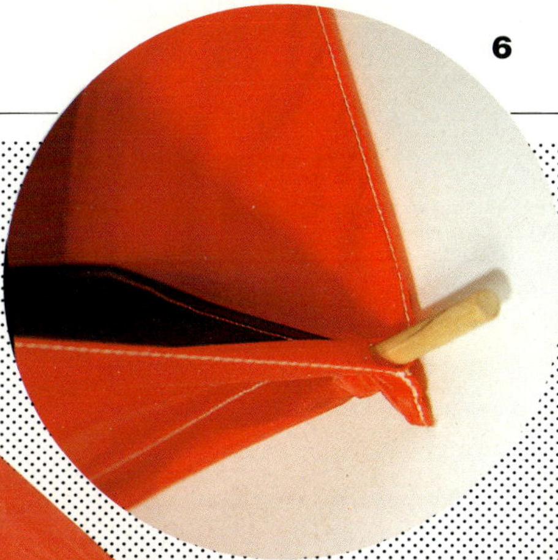

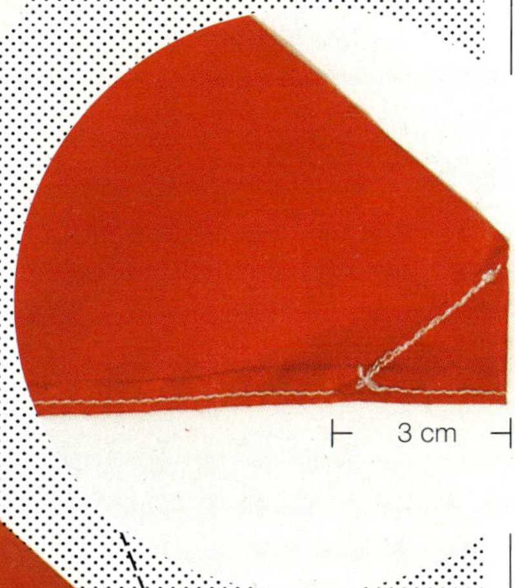

1

5

Einpassen der Stäbe

Die Seitenstäbe werden so abgemessen, daß sie später mit leichter Spannung in den Taschen sitzen. Die Enden gut abrunden bzw. die Plastikkappen aufstecken. Nun die Stäbe in den unteren Schlitz der Seitentasche stecken (Bild 8) und bis zur Aussparung schieben. Dort entsprechend Bild 9 den PVC-Schlauch aufstecken, in den vorher ein seitliches Loch geschnitten wurde (siehe auch Bild 2 und 3 Seite 12), und den Stab weiter in den oberen Teil der Tasche stekken und weiterschieben, bis er oben anstößt. Der PVC-Schlauch wird hierbei in der Aussparung festgehalten.

Nachdem die beiden Seitenstäbe eingepaßt wurden, wird der Mittelstab in gleicher Weise eingesteckt (ohne PVC-Schlauch).

Der Querstab wird so abgemessen, daß durch ihn das Segel so weit auseinandergespannt wird, daß es nicht ganz straff ist, sondern einige Zentimeter durchhängt, wenn man den Drachen an der Flosse hochhält.

In der Höhe des Querstabs wird am Mittelstab eine ca. 20 cm lange Schlaufe aus dünner Schnur angebracht (Bild 10). Hierzu wird z.B. mit einer Stopf- oder Ledernähnadel die Längstasche so durchstoßen, daß die durchgezogene Schnur um den Mittelstab führt. Der Querstab wird vor dem Einsetzen immer durch die Schlaufe gesteckt. Sie verhindert, daß sich der Querstab zu stark durchbiegt und bricht, wenn der Wind zu kräftig wird. Für den Notfall sollte man dennoch immer Ersatzstäbe dabei haben.

8

9

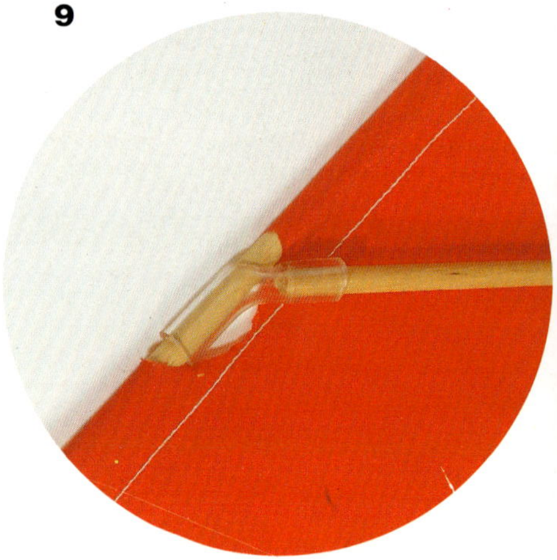

10

Kastendrachen haben eine sehr stabile Fluglage und benötigen nicht unbedingt eine Waage. Sie brauchen mittleren bis kräftigen Wind. Kastendrachen lassen sich auch gut im Gespann fliegen, also mehrere „Kästen" an einer Leine hintereinander. Die Schnur zum nächsthinteren Drachen wird dazu entlang dem oberen Spreizstab durch den Drachen geführt. Sie sollte zweimal um die hintere Schlauchverbindung geschlungen und erst dann vorne am Waagpunkt befestigt werden.

Material:

Spinnakernylon oder Tyvek, 4 Bahnen à 66 × 33 cm
(entspricht 100 cm Stoff, 100 cm breit)
2 Dreiecke á 99 × 74 × 47 cm
(entspricht 50 cm Stoff, 100 cm breit)
Raminstäbe, 1 × 8 mm Ø, ca. 106 cm lang
2 × 8 mm Ø, 42 cm lang
4 × 6 mm Ø, ca. 95 cm lang
evtl. ca. 20 cm schmales Nahtband
4 PVC-Schläuche, 8 mm Innen-Ø, à 4 cm lang
etwas Schnur
8 Plastikkappen, 6 mm Ø
2 Plastikkappen, 8 mm Ø } nicht unbedingt erforderlich
ca. 20 cm Dacronband

KASTENDRACHEN MIT FLÜGELN

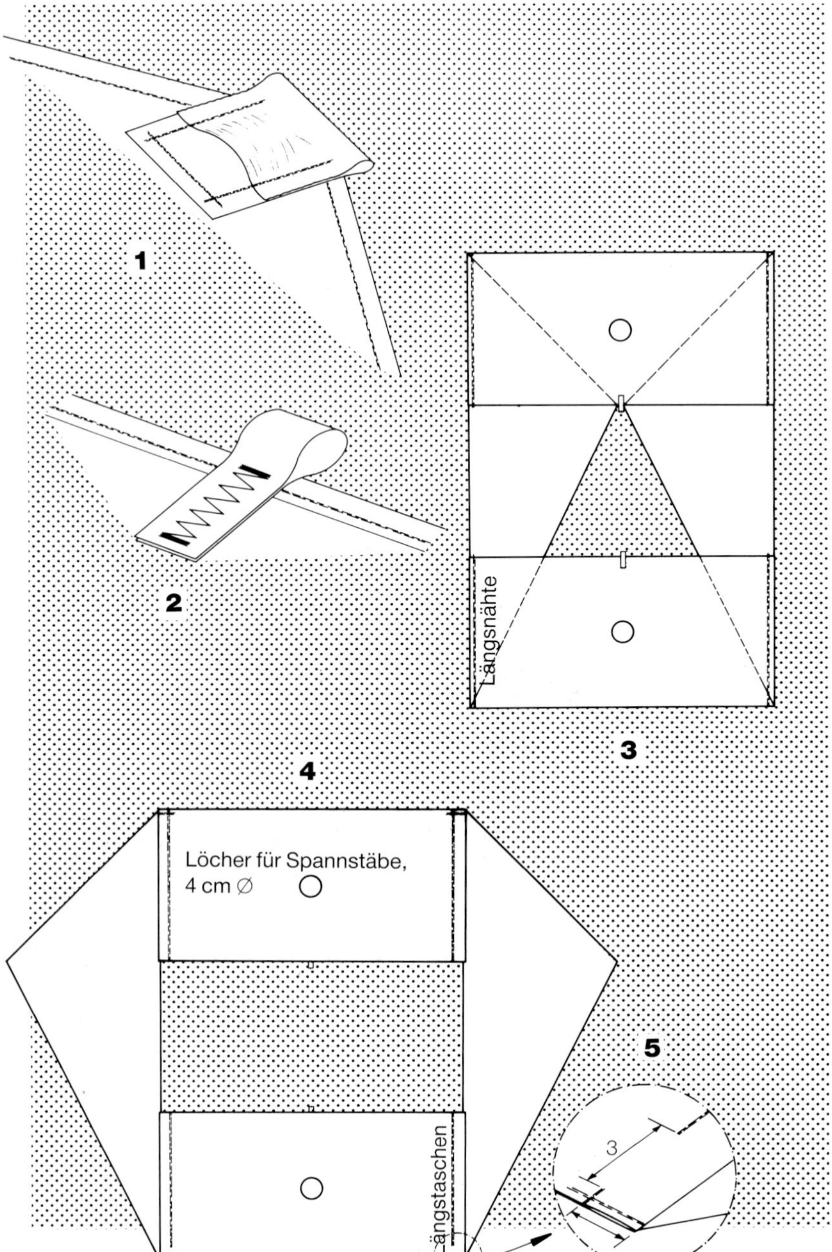
1
2
3
Längsnähte
4
Löcher für Spannstäbe,
4 cm ∅
Längstaschen
5
3

Bauanleitung

Der Stoff wird entsprechend den in der Materialliste angegebenen Maßen zugeschnitten.

Die vier rechteckigen Stücke werden jeweils an den beiden Längskanten gesäumt, die zwei Dreiecke an allen drei Seiten. Beim Säumen der Dreiecke darauf achten, daß die Säume nicht bei beiden Dreiecken nach der gleichen Seite umgelegt werden, da sonst beim fertigen Drachen der Saum des einen Flügels vorne und der des anderen hinten liegt.
Auf die stumpfen Ecken der Dreiecke (und zwar auf die Seite, nach der der Saum umgeschlagen wurde) wird je eine Tasche für den langen Querstab aufgenäht (Bild 1).
Nun werden die Schlaufen (je 5 cm Nahtband oder Spinnakerstreifen) aufgenäht, mit denen der Stoff später an den flügellosen Kanten gespannt wird. Je eine Schlaufe wird in der Mitte auf einen der beiden Säume der rechteckigen Segelteile aufgenäht, so daß später die Spannschnüre befestigt werden können (Bild 2).
In die Mitte der rechteckigen Segelteile werden die für die kurzen Spannstäbe benötigten Löcher geschnitten, 4-5 cm ∅.

Alle Segelteile werden wie auf Bild 3 gezeigt an den Längsseiten zusammengenäht (2-3 mm Kantenabstand). Die späteren Außenflächen der rechteckigen Bahnen liegen hierbei jeweils zueinander bzw. die Säume außen. Die Laschen zeigen ins Innere des Drachens.

Nach dem Zusammennähen wird der Drachen so gewendet, wie man einen Socken umstülpt. Das Innere kommt nach außen, und die Flügel stehen dann links und rechts ab (Bild 4).

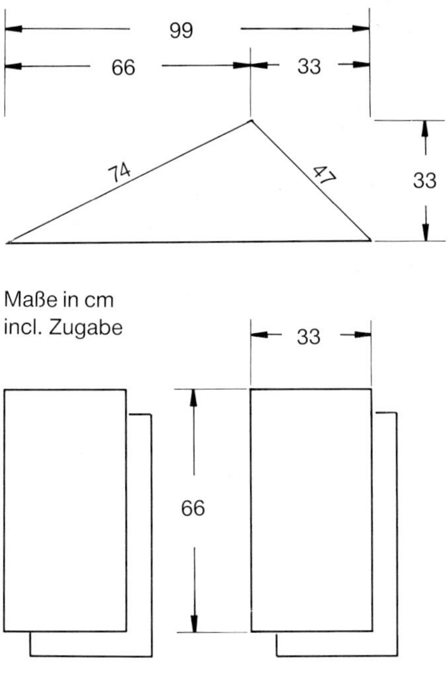

Maße in cm
incl. Zugabe

Nun werden die Längstaschen abgenäht und zwar im Abstand von knapp 1,5 cm zu den beiden ersten Nähten. An der Unterseite einen ca. 3 cm langen Schlitz zum Einstecken der Stäbe freilassen, und die Taschen oben und unten zunähen (Bild 5). Die Taschenenden vorher evtl. wie im Kapitel „Taschenverstärkungen" beschrieben verstärken.

Den Drachen wie auf Bild 6 zurechtlegen und die Längstaschen abnähen. Vorher evtl. wieder mit Dacronband verstärken. An der Ober- und Unterkante des Drachens die Taschen zunähen. Das Segel ist jetzt fertig genäht und die Stäbe können eingepaßt werden.
Angefangen wird mit den beiden Längsstäben entlang der Flügel. Die 6-mm-Stäbe werden so abgemessen, daß die Flügel an der Innenkante gut gestrafft sind.

Die beiden anderen Längsstäbe werden auf die gleiche Länge wie die beiden ersten abgesägt. Auf diese Stäbe werden jeweils wie in Bild 7 zwei 8-mm-PVC-Schläuche aufgesteckt. In die PVC-Schläuche werden dazu vorher je zwei gegenüberliegende Löcher geschnitten (Bild 8). Die Schläuche werden von beiden Seiten soweit auf die Stäbe geschoben, daß sie sich im Drachen auf Höhe der in die Segel geschnittenen Löcher befinden. Nun die Plastikkappen (6 mm ∅) aufstecken und die Stäbe in die jeweiligen Längstaschen des Segels stecken. An den Laschen werden Schnüre befestigt, mit deren Hilfe Unter- und Oberteil zusammengespannt werden.
Jetzt werden die beiden 42 cm langen 8-mm-Stäbe in die Schläuche gesteckt (Bild 9) und hierauf der lange Querstab so eingepaßt, daß der Drachen straff aufgespannt ist (Bild 9). Vorher die größeren Plastikkappen aufstecken.

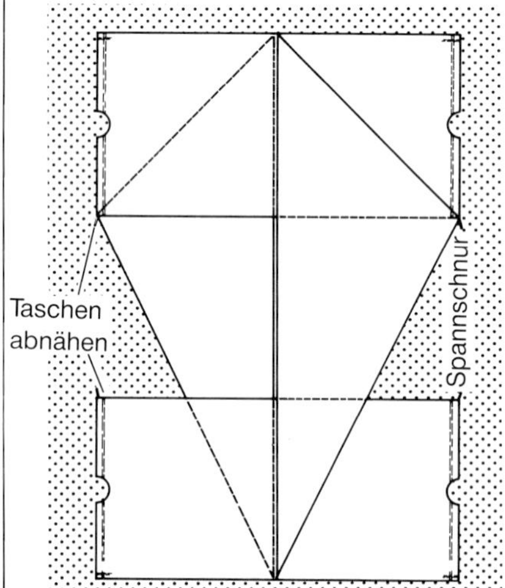

6

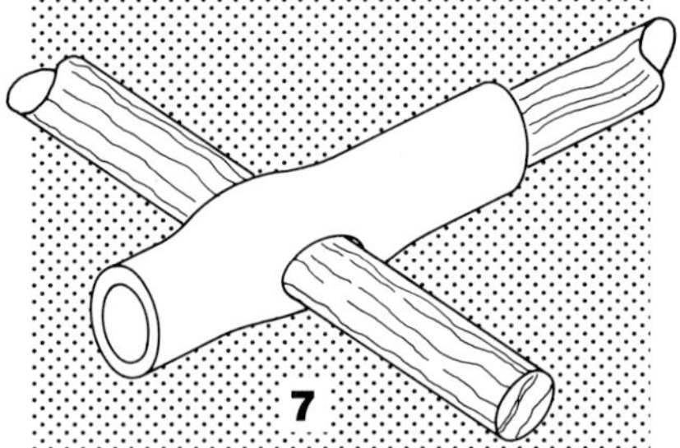
7

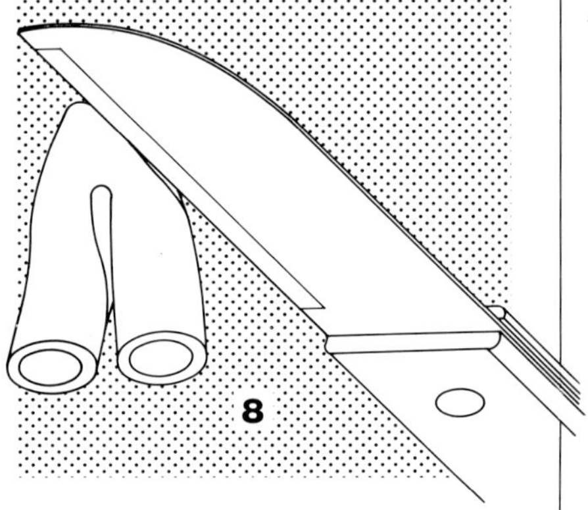
8

9

10

Anstelle eines Holzstabes kann für starken Wind ein Glasfaserstab als Querstab verwendet werden.
Zum Schluß wird entsprechend Bild 10 eine Schlaufe aus Schnur um die obere, vordere Schlauchverbindung (Querstab auf der Rückseite des Segels) geknüpft. Hier wird die Flugleine eingehängt.

Es gibt eine Vielzahl von Drachen, die sich mit Hilfe einer Doppelwaage und zwei getrennten Flugleinen lenken lassen. Lenken bedeutet, daß man den Drachen durch wechselseitiges Anziehen oder Nachlassen der linken bzw. rechten Leine am Himmel Figuren fliegen läßt. Es sind einfache Bewegungen nach links oder rechts, hinauf und herunter oder auch seitliche Loopings möglich (siehe Anleitung zum Fliegen).
Außer der Lenkbarkeit ist allen „Lenkern" gemeinsam, daß sie kräftigen gleichmäßigen Wind brauchen.
Wie bei den meisten anderen Drachen besteht auch bei den „Lenkern" die Möglichkeit des Gespannfluges.
Es wurden schon Gespanne mit 100 Drachen in die Luft gebracht. Wegen der sich summierenden Zugkräfte wurde ein Jeep zum Steuern der Drachen benötigt.
Es macht jedoch schon Spaß, mit zwei oder drei Lenkdrachen den Gespannflug zu versuchen.
Wer einmal einen Lenkdrachen mit Erfolg fliegen ließ, wird begeistert sein von dieser neuen Dimension des Drachenfliegens.
Wenn man die beiden Waagen zusammennimmt kann man den „Lenker" auch an einer Schnur aufhängen und wie einen gewöhnlichen Drachen steigen lassen.

LENKDRACHEN

Material:

Tyvek oder Spinnakernylon, 70 × 70 cm, incl. Zugabe
2 Glasfaserstäbe, 4 mm ∅, 1 × ca. 109 cm lang
1 × ca. 96 cm lang

4 Plastikkappen, 4 mm ∅
etwas Gewebeklebeband
Schnur für die Waagen
ca. 15 m Schlauchschwanz
2 × ca. 50 m Drachenleine
2 Spulen zum Aufwickeln der Schnüre

Bauanleitung

Der hier beschriebene Lenkdrachen besteht aus einem quadratischen Segel und einem Glasfaserstab-Gerüst, das sich unter dem Winddruck zu einer aerodynamisch günstigen Form biegt.
Als erstes wird das Segel ausgeschnitten (70 × 70 cm) und ringsum gesäumt. Hierauf werden kleine Taschen auf die Segelrückseite aufgenäht, in die später die Enden der Glasfaserstäbe mit aufgesteckten Plastikkappen geschoben werden. Die Taschen können aus ca. 2 cm breiten, ca. 6 cm langen Spinnaker- bzw. Tyvekstreifen oder Dacronband gemacht werden. Dazu die Streifen jeweils doppelt legen und wie in Bild 1 aufnähen.
Oben und unten werden die Taschen mit gegenüberliegender Öffnung aufgenäht, links und rechts mit der Öffnung zur Drachenspitze hin.

Jetzt entsprechend Schema (Bild 2) den Drachen markieren und auf diese Punkte auf der Drachenrückseite (Saum hinten) ca. 1 × 1 cm große Gewebeklebebandstücke aufkleben. Diese Punkte werden dann mit der Lochzange (jeweils ein Stück Pappe unterlegen) durchlöchert. Man kann stattdessen auch mit einer Nagelschere ca. 5 mm große Löcher schneiden. Das Segel ist jetzt fertig. Die Stäbe können eingepaßt werden.
Der Mittelstab wird so zurechtgesägt, daß er das Segel spannt, ohne sich selbst durchzubiegen.

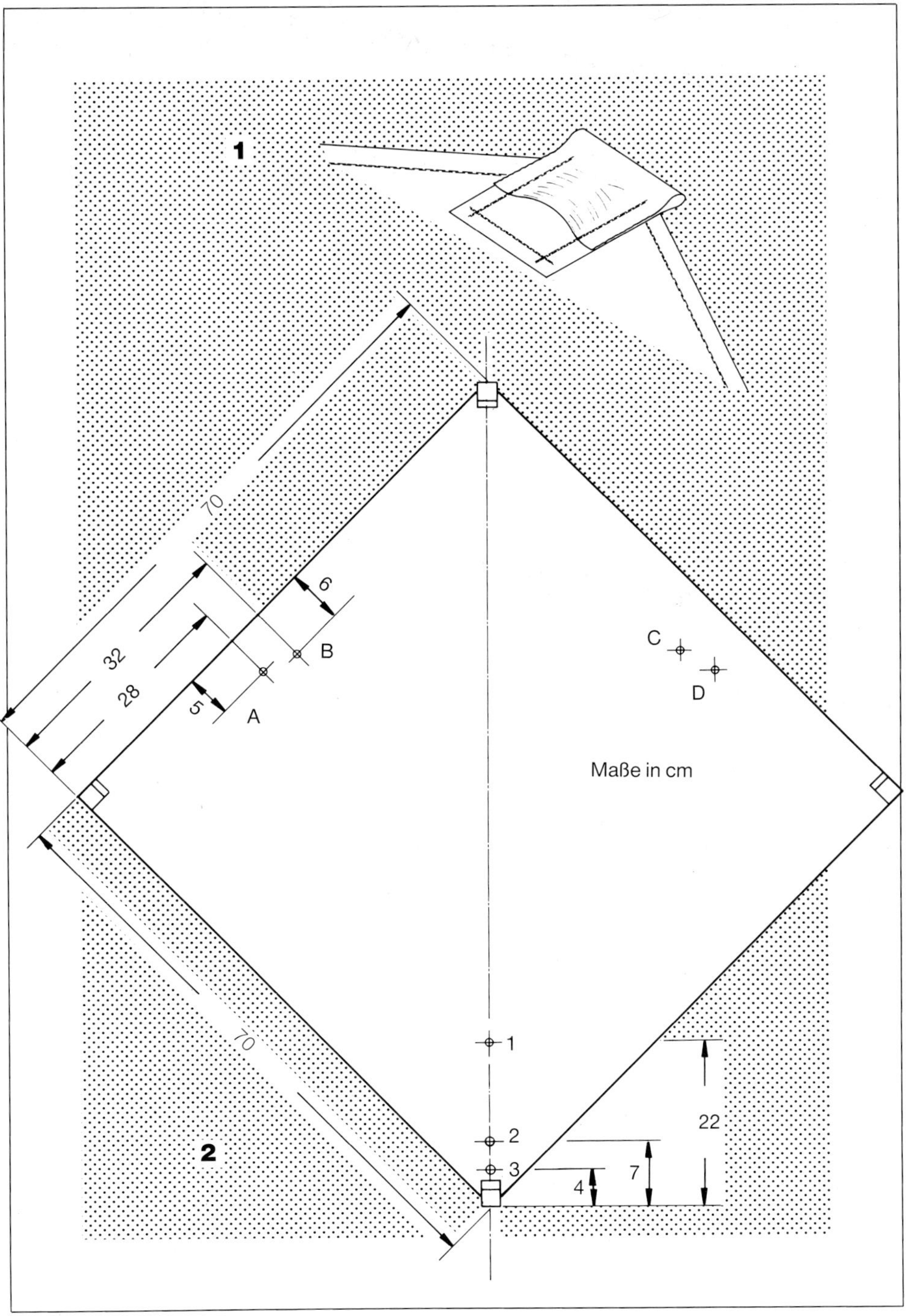
1
2
70
70
32
28
6
5
A
B
C
D
Maße in cm
1
2
3
22
7
4

3

Der Querstab wird länger abgesägt, so daß er sich durchbiegt, wenn er in den Taschen links und rechts steckt. Er muß dabei über den Löchern „A B C D" zu liegen kommen (Bild 2 und 3). Nun werden die Waagen abgemessen. Die Länge soll von den oberen Aufhängungspunkten bis zur Schlaufe für die Drachenleinen 70 cm und vom gemeinsamen unteren Aufhängungspunkt zu den Schlaufen 80 cm betragen.

Zum Zusammenbauen die unteren Schlaufen der Doppelwaage von der Vorderseite des Segels durch Loch 1 stekken. Dann den Mittelstab zuerst durch diese Schlaufe und hierauf in die Taschen oben und unten stecken.

Die linke obere Schlaufe der Waage wird von vorne durch Loch A gesteckt, die rechte durch Loch D. Der Querstab wird durch die Schlaufen geschoben und in die Taschen links und rechts gesteckt (Bild 4).

Darauf achten, daß der Querstab hinter den Mittelstab kommt, also Segel – Mittelstab – Querstab.

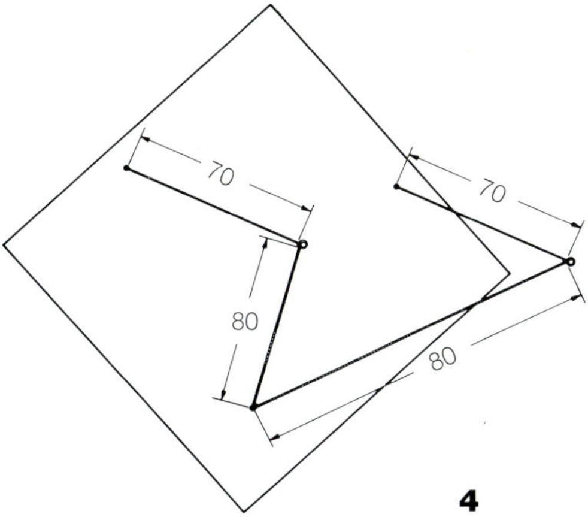

4

Die Löcher B und C sind zusätzlich für die Waage angebracht (siehe unter variable Waage). Zuletzt wird der Schlauchschwanz, wie auf Bild 5 gezeigt, befestigt.

5

Zum Steigenlassen hält man in jeder Hand eine Haspel und wickelt jeweils ca. 20-30 m ab. Die Schnüre sollten beim Start möglichst gleich lang sein. Ein Helfer hält den Drachen hoch und läßt ihn los, wenn die Schnüre gestrafft sind. Hat man etwas Übung im Lenken, ist es auch möglich, den Drachen aus der Hand steigen zu lassen, wobei man ihm links und rechts gleichmäßig Schnur gibt, bis er die gewünschte Höhe erreicht hat.

Zum Lenken selbst folgendes: Sind beide Schnüre gleich lang und werden die Schnurgriffe nebeneinander gehalten, steigt der Drachen gerade auf. Zieht man an der rechten Schnur, neigt er sich nach rechts und umgekehrt. Zieht man nur wenig an einer Schnur, wandert der Drachen nach der entsprechenden Seite, bis er soweit gegen den Wind angestellt ist, daß er seitlich stehenbleibt oder „abschmiert". Zieht man stärker an einer Schnur, fängt er an, seitliche Loopings zu drehen. Will man ihn dann wieder beruhigen, muß man die Griffe in dem Moment, in dem der Drachen nach oben zeigt, auf gleiche Höhe bringen.

Der Schwanz ist nicht unbedingt erforderlich. Er verlangsamt die Flugbewegungen, aber es sieht sehr schön aus, wie er die Bewegungen des Drachens nachzeichnet.

Anfangs wird der Drachen viele ungewollte Loopings drehen und oft abstürzen. (Die Spitze evtl. mit Gewebeklebeband verstärken.) Nach etwas Übung und mit Unterstützung eines geduldigen Helfers können die verschiedensten Figuren geflogen werden.

Variable Waage

In der vorhergehenden Beschreibung sind die oberen Enden der Waage an den Punkten A und D befestigt. Der Drachen reagiert bei dieser Anbringung der Waage relativ träge auf die Lenkbewegungen. Hat man schon etwas Übung im Lenken, können die Waagen auch an den Punkten B und C befestigt werden.

Der „Lenker" wird dadurch drehfreudiger, läßt sich aber auch schwieriger beherrschen.

6

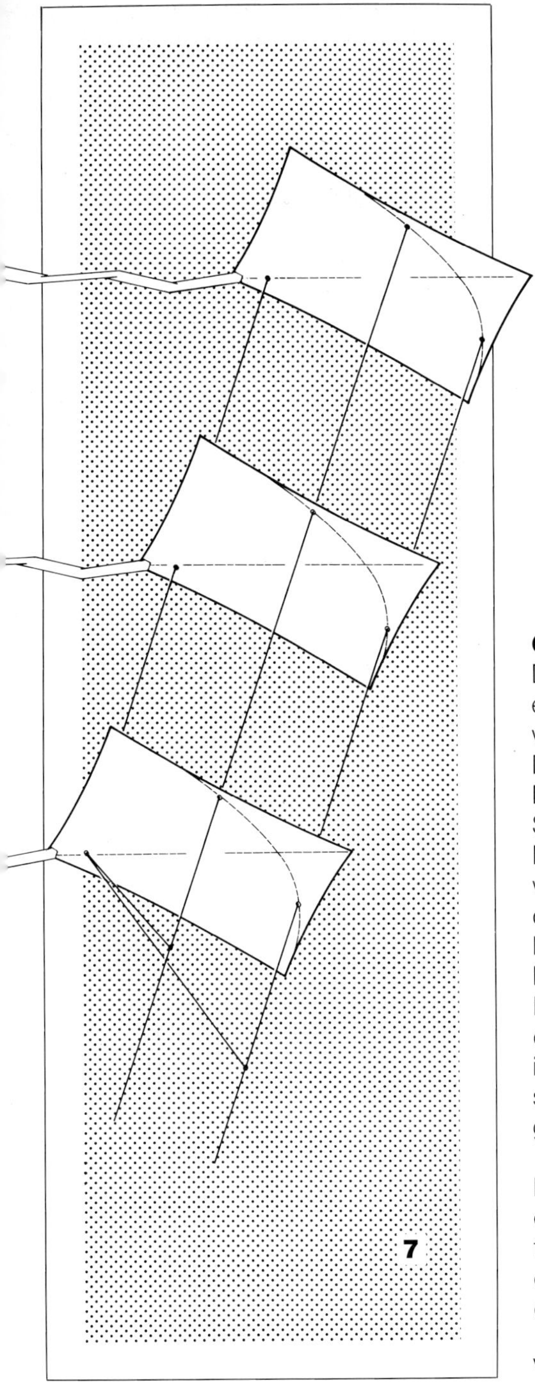

Gespannflug

Die Lenkdrachen können, wie eingangs erwähnt, auch im Gespannflug geflogen werden. Hierbei braucht nur der vordere Drachen die Doppelwaage. Der nächste Drachen wird mit drei gleich langen Schnüren (je 60 cm bis 3 m) am vorderen Drachen eingehängt. Es werden dabei jeweils die gleichen Waagpunkte verbunden, so daß die drei Schnüre parallel verlaufen. Man verwendet am besten Verbindungsschnüre, an deren Anfang und Ende Haken mit Wirbel angeknotet werden (Bild 7). Will man mehr als 3 Drachen im Gespann fliegen lassen, muß im ersten Drachen ein stabilerer Mittelstab eingesetzt werden.

Bei engen Flugkurven kann es passieren, daß die vorderen Schwänze sich im hinteren Drachen verhängen; dann müssen entweder die Schwänze abgenommen oder größere Kurven geflogen werden.

Viel Spaß!

Welt der Drachen – Drachen der Welt

Impressionen von einem großen Fest

Jedes Jahr finden an vielen Plätzen in der Welt Vorführungen und Zusammenkünfte statt, die aufzeigen, welche Dimension das Drachenhobby erreichen kann. Auch wenn Sie, lieber Leser, heute vielleicht noch weit entfernt sind von diesen Vorbildern, so ist es doch sicher für Sie interessant, daß hier beispielhaft Fotos vom 10. Internationalen Drachenfestival im holländischen Scheveningen wiedergegeben werden.

Im Jubiläumsjahr 1987 warteten die Veranstalter mit einer besonderen Attraktion auf. Im Rahmen einer Sonderschau „Kunst en Vliegwerk" führten 21 Künstler ihre Edo-Drachen vor. Diese aus Japan stammende Konstruktion zeichnet sich durch sehr stabile Flugeigenschaften aus und ist mit ihrer rechteckigen Form hervorragend für eine künstlerische Gestaltung geeignet.

Wie in früheren Jahren wurde der größte Drachen der Welt gezeigt; er hat eine Fläche von 550 qm. Imposant waren auch die Drachenketten bzw. -züge, die manchmal aus über hundert Drachen bestanden. Wie Linien die zwischen Erde und Himmel gemalt sind, stehen sie am Horizont, je nach Windstärke steiler oder flacher geneigt.

Darüber hinaus waren viele andere schöne Drachen zu sehen: Lenkdrachenketten, viele Varianten von Kastendrachen, bemalte Rokakos, Schlangendrachen, Lindwürmer (Scheibendrachen in Kette), fliegende Figuren etc.

Für die Aktiven ist der Austausch untereinander genauso wichtig wie das Steigenlassen selbst.
Es wird gefachsimpelt, neue Kontakte werden geknüpft, immer wieder unterbrochen durch die Fragen neugieriger Zuschauer.

Wer will, kann von Drachenfest zu Drachenfest jetten. Hier eine Auswahl der wichtigsten internationalen Feste, die jährlich stattfinden.

Jährliche Drachenfeste:

März Internationales Drachenfestival in Weifang, Volksrepublik China.

Mai Kampfdrachenfest in Hamamatsu, Japan.

Juni Internationales Drachenfestival in Scheveningen, Holland.

Juni Internationales Drachenflieger-Treffen auf Fanö, Dänemark.

Juni Internationales Drachenfestival in Cervia, Italien.

September Internationale Drachenwoche „Welt der Drachen – Drachen der Welt“ Drachen-Workshops und Drachenfestival in Stuttgart.

Oktober Drachenfest in München

Die genauen Veranstaltungstermine erfahren Sie bei den Drachenläden und bei der Fessel-Drachen-Gesellschaft e.V., Ludwig-Pfau-Str. 18 in Stuttgart, Telefon 0711/612789.

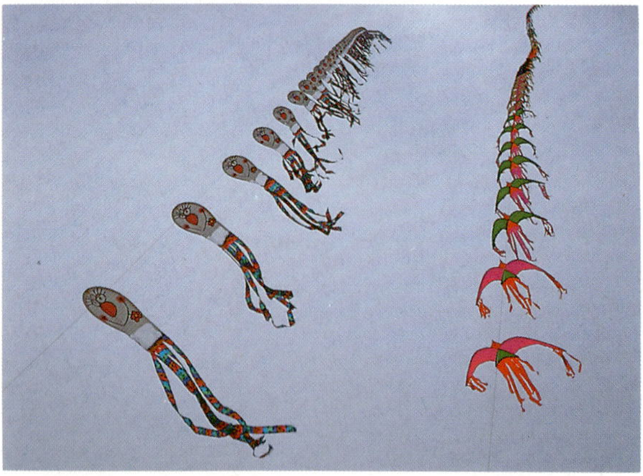

GOLFSLAG
GEKOELDE
FRISDRANKEN

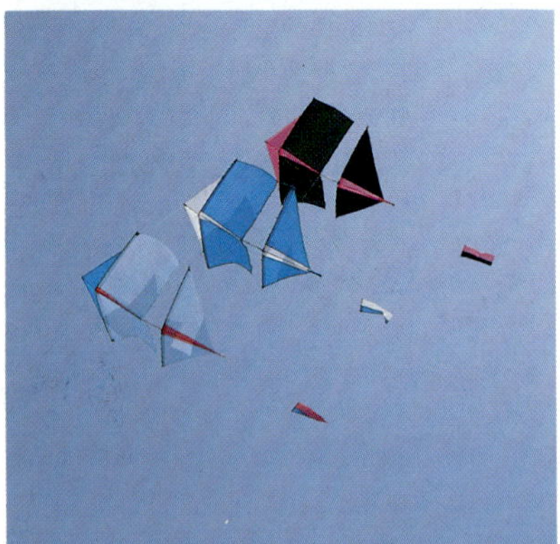